Abdou Aziz Cissé
Mamadou Salif Diallo

Previsão da produção de uma central fotovoltaica

Abdou Aziz Cissé

Mamadou Salif Diallo

Previsão da produção de uma central fotovoltaica

Aplicação de redes neurais artificiais

ScienciaScripts

Imprint
Any brand names and product names mentioned in this book are subject to trademark, brand or patent protection and are trademarks or registered trademarks of their respective holders. The use of brand names, product names, common names, trade names, product descriptions etc. even without a particular marking in this work is in no way to be construed to mean that such names may be regarded as unrestricted in respect of trademark and brand protection legislation and could thus be used by anyone.

Cover image: www.ingimage.com

Este livro é uma tradução do original publicado sob ISBN 978-620-2-54999-8.

Publisher:
Sciencia Scripts
is a trademark of
International Book Market Service Ltd., member of OmniScriptum Publishing Group
17 Meldrum Street, Beau Bassin 71504, Mauritius
Printed at: see last page
ISBN: 978-620-3-35425-6

AGRADECIMENTOS

Antes de mais, gostaria de agradecer a ALLAH o Todo-Poderoso por me ter dado a força e a paciência para levar a cabo este trabalho.

Este trabalho é o resultado de numerosas reuniões, discussões e colaborações com profissionais da área e académicos.

Gostaria de expressar aqui toda a minha gratidão a todas as pessoas que participaram de perto ou remotamente na realização deste trabalho, que cruzaram o meu caminho, dando-me o seu tempo, escuta, conselho, experiência e que me terão permitido no seu caminho progredir, seguir em frente, amadurecer, aprender e descobrir-me melhor.

Dirijo os meus mais profundos agradecimentos aos meus pais, ao meu pai **Ibrahima CISSE** e à minha mãe **Mame Mbaté DIOP** pelo seu encorajamento, apoio, especialmente pelo seu amor e sacrifício, de modo a que nada impeça o progresso dos meus estudos.

Dirijo os meus sinceros agradecimentos aos meus supervisores, **Prof. Hamet Yoro BA,** que me será difícil encontrar palavras e expressões para lhe agradecer a sua generosidade, disponibilidade, confiança, orientação, observações pertinentes e espírito científico ao longo da realização desta tese, apesar das suas múltiplas ocupações e do **Prof. Ibrahima LY** por ter concordado em supervisionar este trabalho e pelo seu apoio e numerosos conselhos ao longo da minha educação superior, não posso agradecer-lhe o suficiente.

Gostaria também de agradecer ao **Sr. Mamadou WADE** e à **Sra. Mame Faty MBAYE** por terem concordado em julgar este dossier.

Gostaria de agradecer ao **Sr. Mamadou Salif DIALLO,** estudante de doutoramento na Ecole Polytechnique de Thiès, pelas suas muitas dicas.

Esta dissertação não teria sido tão rica e não teria visto a luz sem a ajuda e supervisão exemplar destes eminentes professores-investigadores da Ecole Polytechnique de Thiès.

ABSTRATO

Os actores do mercado energético (investidores, produtores de energia, operadores de rede, consumidores, etc.) enfrentam potenciais desafios como a crescente procura de energia, novos padrões de consumo de energia, a integração de fontes de energia renováveis (intermitentes) nas redes de energia e a evolução das redes de energia.

Assim, este documento trata da previsão por redes neurais artificiais aplicadas ao sistema de produção de energia. No capítulo I, apresentamos informação geral sobre gestão de energia. De facto, uma transição energética requer uma nova forma de gerir a produção, transmissão e fornecimento de electricidade. Assim, neste capítulo mostrámos a importância da gestão da oferta e da procura de energia, mas também os principais inconvenientes da actual rede eléctrica (SENELEC).

O Capítulo II trata dos modelos utilizados para a previsão. Ficou demonstrado que as redes neurais oferecem a possibilidade de prever a produção de um autoprodutor durante um determinado período de tempo. Além disso, como todos os outros métodos de previsão, os NAS têm incertezas. Estas incertezas podem ser quantificadas por indicadores estatísticos tais como ABPM, RMSE e MBE.

Finalmente, o terceiro capítulo é dedicado à aplicação de redes neurais artificiais sobre uma amostra de dados de um autoprodutor. De facto, construímos, treinámos e testámos duas arquitecturas ANN sob MATLAB com luz solar e temperatura ambiente como dados de entrada. Foi demonstrado que a rede neural de acção directa (feed-forward) tem as incertezas mais baixas ($MAPE = 24,489\%$; $RMSE = 436.08$ e MBE $= 30.93$) e, portanto, melhor se adapta ao nosso problema.

No final, temos um modelo capaz de prever a produção excedentária de um autoprodutor com base em dados meteorológicos (luz solar e temperatura ambiente).

TABELA DE CONTEÚDOS

INTRODUÇÃO GERAL

Antecedentes

O advento da electricidade, no final do século XIX, lançou as bases para uma das maiores revoluções que a humanidade conheceu. Embora o consumo de energia tenha vindo a aumentar ao longo da história, com a tecnologia inventada para simplificar as actividades diárias dos seres humanos, a vida moderna só foi verdadeiramente possível com a descoberta de fenómenos eléctricos e o desenvolvimento da corrente alternada. Ao permitir o transporte de energia eléctrica em longas distâncias, a corrente alternada terá servido de âncora para a emergência de energia "limpa" e fácil de usar na vida quotidiana das populações do mundo. Actualmente, o nível de desenvolvimento humano de um país, medido pelo nível de educação, saúde e nível de vida do seu povo, parece estar particularmente correlacionado com a taxa de electrificação. [1] Assim, os países mais desenvolvidos do mundo têm uma taxa próxima dos 100% em comparação com apenas 75% nos países em desenvolvimento, entre os quais a África Subsaariana, onde duas em cada três pessoas vivem sem electricidade, é a região menos desenvolvida e menos electrificada do mundo. [2]

Na área da produção de electricidade, a estrutura centralizada e a grande malha das redes eléctricas dos países desenvolvidos levaram à consideração dos recursos renováveis como um meio de substituir eventualmente as centrais eléctricas convencionais. No entanto, no caso da África subsaariana, verifica-se que, por um lado, as redes existentes são altamente instáveis e têm uma malha muito limitada, e que, por outro lado, dois terços das pessoas vivem em zonas rurais, entre as quais mais de 5 em cada 6 pessoas são também privadas de electricidade. Esta é uma questão local que está muito longe das considerações transnacionais, e que deve portanto levar-nos a redefinir o lugar das energias renováveis neste paradigma específico.

Motivação e objectivos

Para ter um Contrato de Compra de Electricidade, um autoprodutor enfrenta uma série de problemas. Por exemplo, não pode programar a sua produção, mas tem de a estimar para propor um contrato que considere viável. Além disso, mesmo que tenha algum controlo sobre o seu consumo, não pode razoavelmente agir directamente sobre a quantidade de energia que consome. Um prosummer deve ser livre de consumir o que quiser, quando quiser. Por outras palavras, o autoprodutor depende de previsões para propor um contrato, mas a sua decisão também depende da sua relação com o risco.

A previsão desempenha um papel fundamental em muitos processos de tomada de decisão e a incerteza deve ser sistematicamente tida em conta nos resultados obtidos. A incerteza da previsão pode ser devida a erros de medição, falta de conhecimento dos dados de entrada, ou erros relacionados com as aproximações feitas para estabelecer o modelo de previsão (imperfeições na formulação do modelo, processo de estimativa, etc.).

No que respeita aos sistemas energéticos, a incerteza na previsão de factores-chave, devido tanto à natureza estocástica dos dados como à aproximação dos modelos de previsão, pode levar a custos elevados para os intervenientes no mercado (produtores, clientes, etc.) quando não são devidamente tidos em conta.

Neste artigo pretendemos construir um modelo de previsão capaz de prever o excedente energético de um autoprodutor a partir de dados históricos. Esta previsão visa facilitar a gestão da rede, fornecendo ao gestor da rede dados mais ou menos fiáveis para negociar contratos de energia no caso da venda de excedentes pelo autoprodutor.

Metodologia

Existem diferentes métodos de previsão na literatura. Assim, para construir o nosso modelo de previsão, utilizaremos redes neurais artificiais. Depois, para validar a nossa escolha, iremos comparar os modelos baseados em ANN com outro modelo baseado num método de previsão clássico (regressão multivariada). A aprendizagem da rede neural será feita com 70% dos dados e depois utilizaremos 15% dos dados para validação e 15% para testar a rede. Utilizaremos MATLAB e a aplicação Neural Network Toolbox para simular os algoritmos.

CHAPITRE 1   GESTÃO MODERNA DA ENERGIA E INFORMAÇÃO GERAL SOBRE REDES ELÉCTRICAS

1.1 Gestão moderna da energia

A energia está no centro do desenvolvimento. Sem energia, as pessoas vivem na escuridão, serviços essenciais tais como clínicas e escolas funcionam mal, e as empresas enfrentam obstáculos paralisantes. Actualmente, cerca de um bilião de pessoas em todo o mundo vivem sem electricidade, enquanto centenas de milhões mais têm fontes de energia inadequadas ou não fiáveis.

Além disso, o sistema energético global está a sofrer uma grande transformação, com as energias renováveis a desempenhar um papel cada vez mais essencial no desenvolvimento de sistemas energéticos modernos e robustos. A transição em curso é impulsionada pelo declínio acentuado do custo da energia limpa, enquanto a implantação de tecnologias disruptivas tais como redes e contadores "inteligentes" ou sistemas de dados baseados em localização pode contribuir para uma melhoria radical no planeamento e gestão energética. [2]

1.1.1 Gestão da oferta e da procura

A electricidade é difícil de armazenar e as instalações de armazenamento existentes são ineficientes ou dispendiosas, pelo que é necessário um equilíbrio permanente entre a quantidade de energia injectada e a quantidade retirada. Este equilíbrio requer planeamento e informação centralizada de todos os intervenientes no mercado. Esta função de equilíbrio é tecnicamente supervisionada por um operador de rede.

Assim, num contexto de mistura energética em que temos o aparecimento de energias renováveis, caracterizadas pela sua intermitência, cada local de produção deve emitir na mesma frequência (50 Hz na África Ocidental), o que permite ao operador do sistema de transmissão assegurar o despacho em cada localidade.

A procura de electricidade é altamente variável e volátil, o que a torna imprevisível e, portanto, difícil de gerir. É frequentemente planeado um dia, uma semana ou mesmo um ano antes da produção, tendo em conta as condições económicas, sociais e meteorológicas. O gestor baseia-se mais frequentemente em cenários de consumo dos dias anteriores combinados com dados meteorológicos.

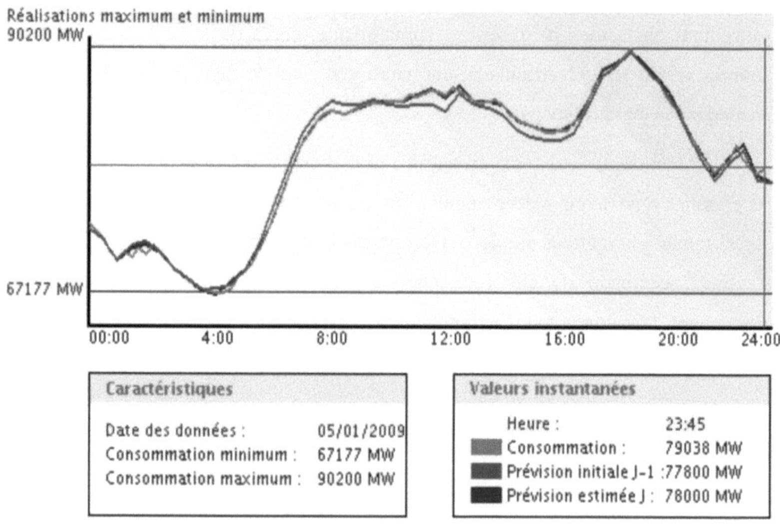

Figura 1-11: Exemplo de previsão da procura (Fonte: RTE France)

1.1.2 Surgimento das energias renováveis

Nos últimos cerca de vinte anos, os regulamentos energéticos sofreram mudanças reais. De facto, desde a Convenção sobre o Clima (em 1992) e o Protocolo de Quioto (em 1997), muitos países comprometeram-se a reduzir as suas emissões de gases com efeito de estufa entre 2008 e 2012. É assim que as energias renováveis se estão a afirmar cada vez mais no mercado da energia. A utilização de energias renováveis torna possível, por exemplo, o fornecimento de electricidade a locais remotos.

Assim, a multiplicação destas instalações terá necessariamente impactos no sistema existente e nas redes eléctricas existentes. De facto, a natureza intermitente destas energias renováveis está na origem do facto de não serem totalmente controláveis, enquanto que as redes eléctricas

8

convencionais na África Ocidental, por exemplo, foram concebidas de tal forma que a electricidade produzida é unidireccional (produção centralizada). Assim, é necessário um novo esquema, a injecção de produção renovável implica um funcionamento bidireccional das redes eléctricas.

A produção descentralizada com energias renováveis ligadas à rede alterou assim profundamente a estrutura, planeamento e funcionamento do sistema de energia. Além disso, esta situação não deveria teoricamente perturbar os objectivos fundamentais das redes eléctricas. Apesar desta nova configuração, as redes eléctricas devem ainda garantir estabilidade, segurança, fiabilidade, igualdade de acesso e qualidade de fornecimento e serviço. Isto representa um novo desafio para os operadores da rede. [2]

1.2 Uma rede eléctrica em evolução

O continente africano é o menos electrificado do mundo. Embora a taxa de electrificação esteja próxima dos 100% no Norte de África, é apenas de 32% na África Subsaariana. O sector da electricidade tem dois problemas relacionados. A electricidade produzida é cara, o que desencoraja o consumo. Mas o baixo consumo limita a utilização de grandes instalações, que poderiam produzir electricidade mais barata graças a economias de escala. O estabelecimento de reservas regionais de energia, tais como a reserva de energia da África Ocidental (WAPP), torna possível estas economias de escala e melhora a fiabilidade das redes de energia. [3]

Num contexto de transição energética, o conhecimento da rede é ainda considerado insuficiente e há uma necessidade crescente dos intervenientes no mercado de esclarecer os problemas relacionados com sobrecargas e congestionamentos. Assim, a fim de gerir esta rede, é necessário efectuar alterações significativas sem perturbar o seu funcionamento.

1.2.1 Classificação das redes eléctricas

As redes eléctricas podem ser classificadas de acordo com a sua tensão de funcionamento e utilização final. Assim, três (3) níveis de tensão podem ser distinguidos de acordo com a nova norma francesa em vigor, UTE C 18-510.

- A linha **HVB**: para uma tensão composta superior a 50 kV. Destina-se a grandes transmissões e interconexões nacionais.

Figura 1-2: Visão geral de uma linha HVB

- A linha **AT** ou **MT**: para uma tensão composta entre 1 e 50 kV e destina-se à distribuição regional.

Figura 1-13: Visão geral de uma linha de MT

- A linha **BT**: é composta por dois sub-níveis. O **BTB** (de 500 a 1000 V) e o **BTA** (de 50 e 500 V). Destina-se à distribuição local, distribuição e consumo.

Figura 1-4: Visão geral de uma linha LV

- Temos também a linha de **baixa tensão** para tensões compostas inferiores a 50 V.

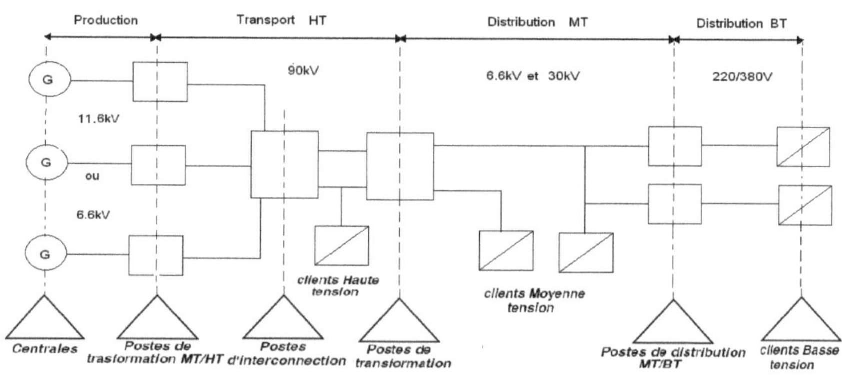

Figura 1-5: Estrutura da rede eléctrica SENELEC

1.2.2 Arquitectura de rede eléctrica

A arquitectura de uma rede de distribuição eléctrica industrial é mais ou menos complexa, dependendo do nível de tensão, da procura de energia e da segurança de abastecimento necessária. [4] Assim, as redes eléctricas podem ser organizadas de acordo com vários tipos de estruturas.

Cada tipo de estrutura tem especificidades e modos de funcionamento muito diferentes. As principais redes de energia utilizam todos estes tipos de estrutura. Nos níveis de tensão mais elevados, é utilizada a estrutura de malha: a rede de transmissão. Nos níveis de tensão mais baixos, a estrutura em malha é utilizada em paralelo com a estrutura em malha: esta é a rede de distribuição. Finalmente, para os níveis de tensão mais baixos, a estrutura de árvores é quase exclusivamente utilizada: esta é a rede de distribuição. [5]

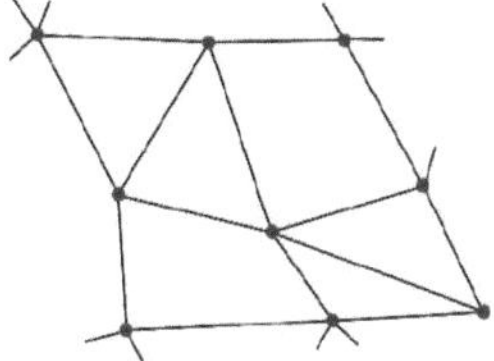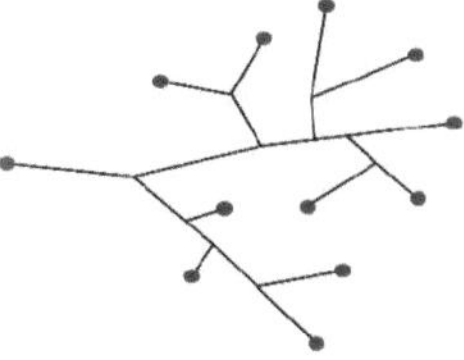

<table>
<tr><td>Figura 1-16: Estrutura de malha</td><td>Figura 1-18: Estrutura radial</td><td>Figura 1-17: Estrutura da árvore</td></tr>
</table>

- As redes de transmissão (HVB) transportam grandes quantidades de energia em trânsito e, por conseguinte, requerem linhas eléctricas de alta capacidade e uma estrutura de malha. De facto, a estrutura de malha garante uma segurança de abastecimento muito boa, uma vez que a perda de qualquer elemento (linha eléctrica, transformador, etc.) não conduz a qualquer corte de energia (operação N-1).

- O objectivo das redes de distribuição (HTA) é assegurar a distribuição regional de energia eléctrica. Assim, têm uma estrutura que é ao mesmo tempo emaranhado e em malha de acordo com as regiões em consideração. Ao contrário das redes de transmissão, que são sempre em loop (a fim de proporcionar um back-up N-1 imediato), as redes de distribuição podem ser operadas em loop ou em modo não loop, dependendo dos trânsitos da rede (em modo não loop significa que um disjuntor está aberto na artéria, limitando assim as capacidades de back-up em N-1). Também surgem problemas de transferência de carga para a rede de distribuição, pelo que o seu funcionamento é coordenado com o da rede de transmissão e também requer meios de simulação em tempo real.

- As redes de distribuição destinam-se a abastecer todos os consumidores. Em contraste com as redes de transmissão e distribuição, as redes de distribuição oferecem uma grande variedade de soluções técnicas dependendo tanto dos países em questão como da densidade populacional. Aqui, a estrutura mais comum é a estrutura em árvore. De facto, a partir de uma subestação fonte (em vermelho na Figura 1-8) a energia viaja ao longo da artéria e dos seus ramos antes de chegar às subestações transformadoras de MT/BT.

1.2.3 Problema das redes eléctricas

A qualidade da energia eléctrica nas redes é fundamental para o utilizador final, especialmente quando se implementam os chamados processos de fabrico sensíveis. De facto, a qualidade da energia eléctrica é medida nas redes e requer a observação de perturbações que possam afectar essas redes eléctricas graças a um painel de equipamento de medição.

A energia eléctrica é fornecida sob a forma de uma tensão que constitui um sistema trifásico cujos parâmetros característicos são os seguintes: frequência, amplitude de tensão, forma de onda que deve ser sinusoidal, simetria do sistema trifásico (igualdade dos módulos das três tensões, o seu deslocamento de fase e a ordem de sucessão das fases).

Assim, os fenómenos que podem afectar o bom funcionamento das redes eléctricas são :

- Tensões de queda e cortes;

- Picos de energia;

- O desequilíbrio do sistema de tensão trifásico ;

- Harmónicas e inter-harmónicas.

1.2.3.1 Mergulhos e cortes de tensão [6]:

Um mergulho de tensão é uma queda repentina na amplitude de tensão abaixo do limiar inferior da gama nominal.

Um caso especial de queda de tensão é a curta interrupção. Diz-se que uma pausa é curta se não exceder três minutos e a sua profundidade for superior a 90%. Após três minutos, diz-se que o corte é longo.

Quando a mudança de tensão aparece como uma falha na rede eléctrica, é difícil medir a sua duração e amplitude exactas.

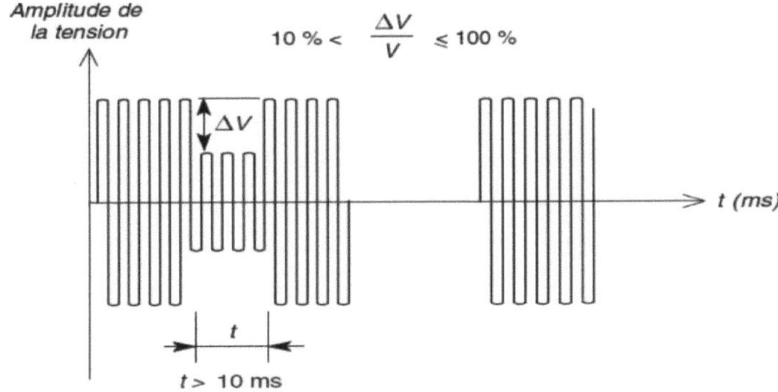

Figura 1-19: Queda de tensão

1.2.3.2 Picos de energia

- **Sobretensões à frequência de potência (50 Hz)** que surgem devido a uma falha de isolamento entre fase e terra, durante uma sobrecompensação da energia reactiva ou durante uma Ferro-resonância causada por um circuito indutivo e um condensador.
- **Comutação de sobretensões** resultantes de uma mudança na estrutura da rede.
- **Surtos atmosféricos** que são causados por raios, directa ou indirectamente, por um aumento do potencial da Terra.

1.2.3.3 Desequilíbrio do sistema trifásico

O desequilíbrio dos receptores eléctricos (trifásicos ou monofásicos) fornecidos por uma rede trifásica é observado quando as três voltagens não são iguais em amplitude.

Estes desequilíbrios são principalmente devidos à circulação de corrente desequilibrada através das impedâncias da rede e resultam em binários de travagem parasitas e sobreaquecimento que levam à degradação prematura de equipamentos como motores ou qualquer outra máquina assíncrona.

1.2.3.4   Harmónicas e inter-harmónicas:

Os harmónicos são perturbações introduzidas na rede por cargas não lineares de equipamentos que incorporam rectificadores e electrónica de comutação. Estas configurações de rede e a concentração destes equipamentos poluentes distorcem as correntes e criam variações de tensão na rede de distribuição.

Tudo considerado, parece nesta secção que a origem das perturbações nas redes eléctricas é diversa. De facto, a integração de novas fontes de energia, por exemplo, contribui para a degradação da qualidade da energia eléctrica com a utilização intermitente e crescente de cargas deformadoras (receptores não lineares) em novas aplicações de consumo.

1.3 Comportamento de um autoprodutor numa rede inteligente

Nesta parte do documento, discutimos a implementação de uma rede de malha em que cada nó corresponde a um consumidor ou a um consumidor profissional (produtor e consumidor ao mesmo tempo). Estes prosumers são todos geridos por um controlador encarregado de gerir o poder a ser injectado na rede e em que momento. Esta informação permitir-lhe-á negociar contratos de venda de energia, estabelecendo uma potência mínima a garantir ao operador da rede. Estes vários actores libertar-se-ão da rede de distribuição à escala local (baixa tensão) mas injectarão a sua energia excedentária na rede de transmissão. Assim, neste capítulo, vamos modelar os diferentes componentes de um tal sistema.

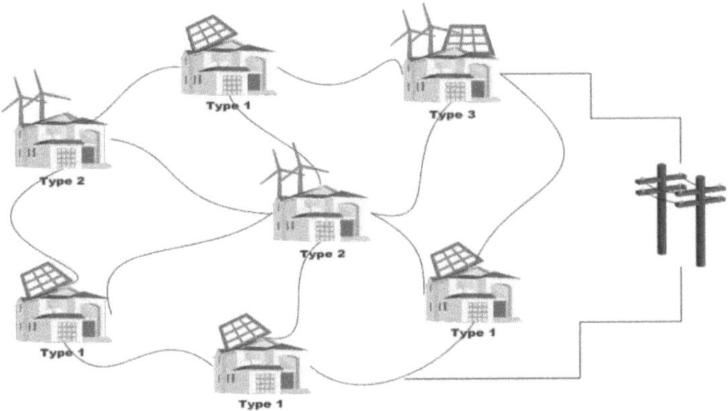

Figura 1-110: Visão geral de uma rede

1.3.1 O conceito smartgrid

Uma rede inteligente é uma rede de distribuição de electricidade que promove o fluxo de informação entre o produtor e o consumidor para optimizar o fluxo de electricidade em tempo real e permitir uma gestão mais eficiente da rede eléctrica. Assim, deve melhorar a eficiência energética de toda a cadeia, minimizando as perdas na linha e optimizando a eficiência dos meios de produção utilizados, em relação ao consumo instantâneo.

Esta nova rede eléctrica está associada a uma rede de comunicação: integra um conjunto de sensores e outros instrumentos de medição que estão directamente ligados aos centros de controlo e fornecem informações sobre o estado de consumo, procura e oferta disponível.

Por conseguinte, parece que os métodos convencionais de resolução baseados em esquemas de previsão e sensores não são suficientes para uma gestão inteligente em tempo real. Uma parte importante da automatização (regulação de tensão e potência, etc.) continua por realizar ao nível das redes de distribuição para permitir a interacção bidireccional com novos consumidores de energia que possam ter pontos de micro-produção.

Numa rede inteligente, a informação sobre produção e consumo deve estar sempre disponível a fim de melhor gerir a potência que transitará entre os diferentes nós da rede.

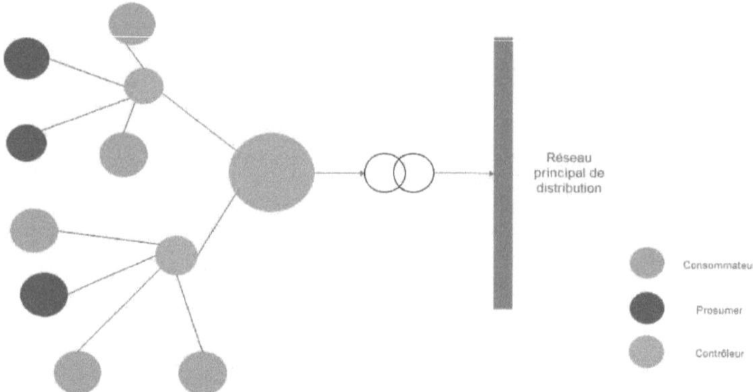

Figura 1-111: Diagrama esquemático de uma grelha smartgrid

- **O consumidor:** é suposto receber fluxos de energia dos seus vizinhos produtores e/ou da rede de distribuição nacional. Portanto, para melhor gerir os fluxos de energia, é necessário conhecer (prever) os perfis de consumo de todo o eco-distrito. De facto, a energia consumida por cada consumidor provém da energia residual dos produtores, no caso de um excedente, e/ou da rede nacional.

Toda esta informação é importante para o operador da rede, uma vez que lhe permitirá melhorar a eficiência energética das suas instalações de produção.

- **O prosummer ou autoprodutor:** é um consumidor e um produtor ao mesmo tempo (produtor/consumidor) [7]. Produz o que consome e injecta o seu excedente na grelha smartgrid. Se a sua produção for inferior ao seu consumo, o défice será compensado pela rede. Portanto, aqui a sua capacidade de injectar na rede depende não só do seu consumo mas também, em grande medida, da sua produção.

- **Os controladores** representam os intermediários entre o mercado de electricidade e os autoprodutores, são também chamados agregadores. [7] Assim, um agregador representa um conjunto de autoprodutores e é responsável pela tomada de decisões estratégicas e económicas por eles. Por outras palavras, forma uma carteira de sistemas de geração que pode controlar (ligar ou desligar) e contratos com outras entidades. Assim, um controlador tem uma capacidade muito maior de garantir energia à rede durante um determinado período de tempo do que um autoprodutor sozinho.

No contexto actual do nosso estudo, os prosumers ainda são apenas projecções teóricas do que poderão ser os futuros consumidores num contexto de liberalização do sector da electricidade na África Ocidental e mais particularmente no Senegal. Assim, será uma questão de acompanhar a evolução do excedente de produção, a fim de antecipar as questões de revenda da electricidade produzida no mercado energético.

1.3.2 Modelar a produção de um autoprodutor (prosumer)

No nosso estudo vamos concentrar-nos naqueles que produzem mas também consomem (na grelha convencional) se a produção não for suficiente. Por outras palavras, têm um ou mais meios de produção, mas ao mesmo tempo utilizam a energia da rede em caso de défice. São chamados autoprodutores ou prosumers (produtores/consumidores).

Cada jogador tem as suas próprias realidades de consumo e capacidades de produção, daí a complexidade do problema. O controlador smartgrid será confrontado com um problema de previsão para garantir um serviço preciso.

Cada produtor/consumidor tem um ou mais pequenos geradores renováveis (fotovoltaicos ou eólicos) e aparelhos que consomem energia. Assim, é fácil compreender que o excedente de energia depende da produção e do consumo. O nosso objectivo é compreender como este excedente evolui ao longo do tempo para vários produtores/consumidores.

Nesta secção, escolhemos um prosumer com um gerador fotovoltaico sem um parque de tanques que alimenta a rede.

1.3.2.1 Estudo detalhado do sistema

A modelação de um sistema permite uma boa compreensão da dinâmica da rede. Um sistema FV consiste geralmente em módulos, um inversor para uso CA e um sistema de medição de fluxo de energia.

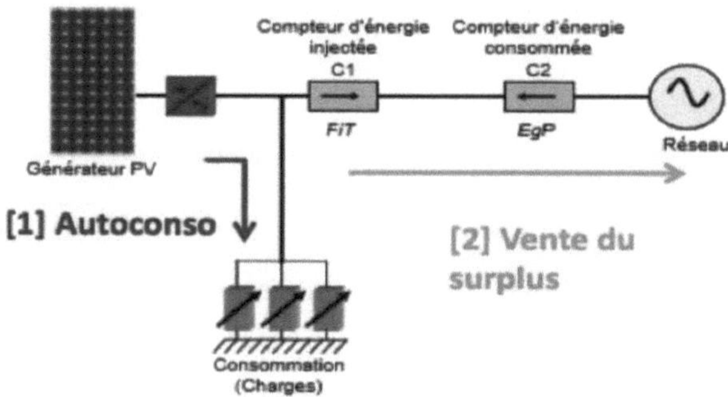

Figura 1-112: Sinopse de um sistema de prosumer's

A energia produzida pelos módulos FV depende largamente da posição geográfica e do período de tempo em que a área está exposta à luz solar. [8] Esta relação pode ser escrita da seguinte forma:

$$E(t) = P(t) * S \qquad (1-11)$$

Com $P(t)$ o poder instantâneo e S é a duração real da luz solar obtida com a seguinte expressão :

$$S = \frac{2}{15}\cos^{-1}(-\text{bronzeado } L \text{ bronzeado } \delta)$$
(1-2)

Onde L é a latitude do lugar e δ é a declinação, ou seja, o ângulo formado pela direcção do Sol e do plano equatorial da Terra.

O que nos interessa no nosso trabalho é prever a evolução do excedente de energia produzida para que possamos conhecer a potência mínima a ser garantida ao gestor da rede.

Nota por $S^{+}(t)$ a produção excedentária deste prosummer, $P(t)$ e $C(t)$ respectivamente a sua produção e consumo por um determinado momento; temos:

$$S^+(t) = \sum_{i=1}^{366} \big(P(t) - C(t)\big) \tag{1-3}$$

O resultado da equação (1-3) pode ser positivo $(P > C)$ como um negativo $(P < C)$. Se a diferença for positiva significa que há um excedente de energia, mas se for negativa, então há um défice de energia. No primeiro caso $(E_{tipo1} > C_{tipo1})$ a energia excedente é posta à disposição da rede. No segundo caso $(E_{tipo1} < C_{tipo1})$ é utilizada a rede de distribuição

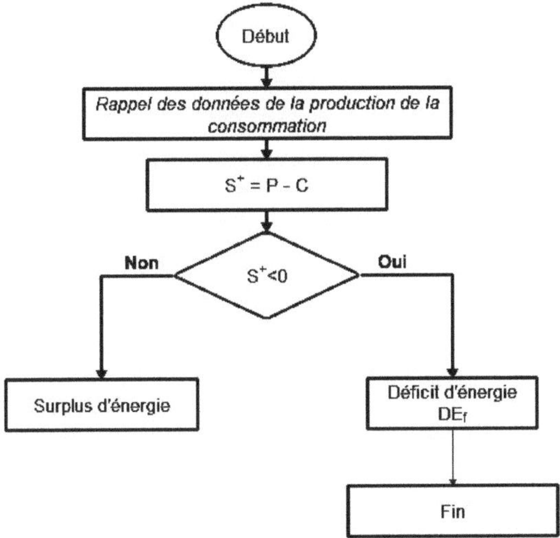

Figura 1-113: Fluxograma para modelagem de um prosummer

principal.

Assim, podemos ver que para conhecer a quantidade a ser colocada na rede é necessário conhecer o consumo e a produção do prosumer em questão em cada momento e conhecer a probabilidade de perda de carga. Para melhor visualizar a evolução deste excedente iremos explorar os dados de um exemplo de prosumer.

No caso em que o prosummer tem duas fontes de produção em paralelo, o padrão é quase o mesmo. Por exemplo, para um prosumer que tem um campo fotovoltaico e um gerador eólico a sua energia excedente torna-se :

$$S^+(t)$$

$$= \sum_{i=1}^{366} \left(\left(P_{PV}(t) + P_{éolien}(t) \right) - C(t) \right) \tag{1-4}$$

1.3.2.2 Monitorização de um exemplo de prosumer

Temos dados de monitorização de um prosummer com uma instalação PV de 3,5 kWp. As amostras são distribuídas por um período de três meses (Abril, Maio, Junho). Escolhemos este intervalo devido a restrições relacionadas com a disponibilidade de dados utilizáveis.

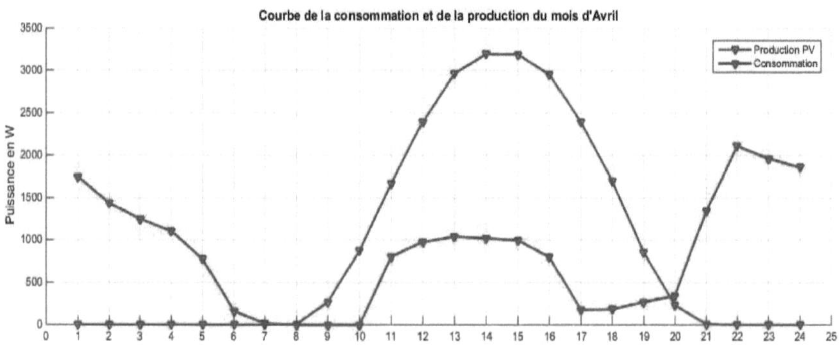

Para este prosumer, temos curvas de consumo e produção baseadas em médias mensais para um dia típico de cada mês.

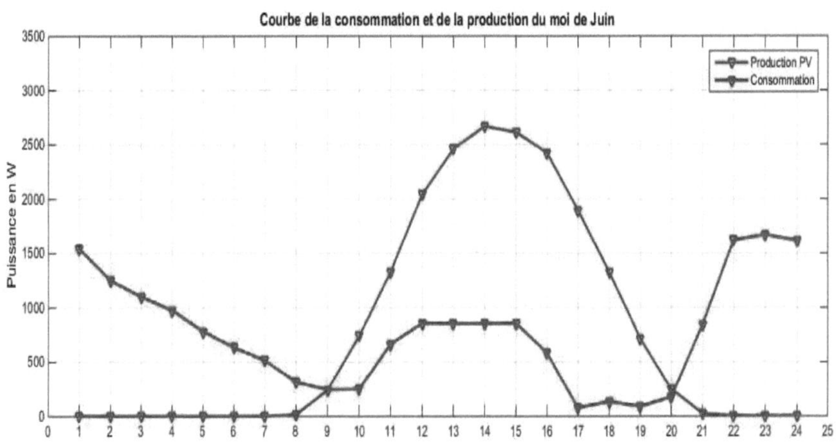

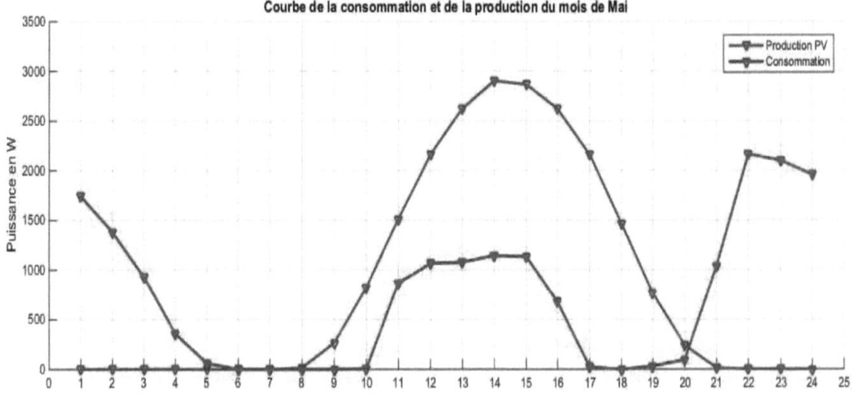

Estas três curvas mostram-nos que para este tipo de prosumer a evolução da produção é contrária à do consumo. Assim, nos intervalos em que há um défice energético, o prosummer retira o seu consumo da rede. Este fenómeno de compensação poderia levar este prosummer a não tirar realmente partido da sua instalação.

Por conseguinte, é importante poder prever a sua produção a fim de optimizar a potência mínima a ser garantida ao operador da rede e evitar penalizações.

1.4 A venda de excedentes de produção no Senegal: quadro legal e regulamentar

A lei n° 2010-21 de 20 de Dezembro de 2010 sobre as fontes de energia renováveis prevê, nomeadamente no seu artigo 14, que as tarifas de compra, venda e remuneração da electricidade produzida a partir de fontes de energia renováveis sejam fixadas por decisão da Comissão Reguladora do Sector Eléctrico (CRSE).

Em aplicação desta lei, o Decreto n.° 2011-2014 de 21 de Dezembro de 2011 sobre as condições de compra e remuneração da energia eléctrica excedentária de origem renovável resultante da produção para consumo próprio estipula que o preço de compra garantido da energia excedentária produzida pelos autoprodutores é determinado pelo CRSE em função das diferentes gamas de potência e da tecnologia utilizada. [11]

A fim de encorajar as empresas e as famílias a investir no sector das energias renováveis para consumo próprio, o Senegal pôs em prática um quadro regulamentar que permite a venda da produção excedentária ao operador da rede. A definição de uma tarifa de alimentação deverá também permitir aos autoprodutores desenvolver esta produção não utilizada.

Contudo, a fim de evitar que os autoprodutores se assemelhem aos produtores independentes ao sobredimensionar as suas instalações, o decreto acima mencionado n° 2011-2014 limita os poderes dos sistemas de autoprodução. Assim, a potência máxima instalada de um sistema de autoprodução é definida como se segue:

- 120% da potência de pico para um consumidor doméstico;
- 110% da potência nominal do equipamento instalado para consumidores profissionais e industriais.

Com base nas disposições acima referidas, a Comissão realizou estudos para definir a metodologia de determinação da tarifa para a compra de electricidade autoproduzida excedentária de fontes renováveis. Estes estudos permitiram à CRSE propor uma tarifa de compra excedentária para cada categoria de cliente (Baixa Tensão e Média Tensão) em função da tecnologia utilizada.

Quadro 1: Taxa de compra de excedentes [11]

Caso Típico/usuário	Taxa de aquisição de excedentes proposta (em FCFA/kWh)
Baixa Tensão	
Pequena potência doméstica (DPP) Máximo 6kW	75
Potência média doméstica (DMP) Entre 7kW e 17 kW	70
Alta potência doméstica (DGP) >17kW	60
Pequena potência profissional (PPP)≤ 6kW	65
Potência média profissional (PMP) entre 7kW e 17kW	60
Média Tensão	
Tarifa solar PV geral	50
Biogás Tarifário Geral	50

CHAPITRE 2   ANÁLISE PREDITIVA POR REDES NEURAIS ARTIFICIAIS

A análise preditiva permite prever eventos futuros com base em dados históricos. Os dados históricos são tipicamente utilizados para criar um modelo matemático para captar tendências importantes. Este modelo preditivo é então utilizado nos dados activos para prever o que irá acontecer, ou para sugerir acções a serem tomadas para optimizar os resultados.

A análise preditiva tem recebido muita atenção nos últimos anos devido aos avanços nas tecnologias que as suportam, particularmente nas áreas de Grandes Dados e Aprendizagem de Máquinas.

A análise preditiva ajuda equipas em indústrias tão diversas como finanças, saúde, farmacêutica, automóvel, aeroespacial e produção industrial.

- Automotivo - Ser inovador com veículos autónomos.

Empresas que desenvolvem tecnologias de assistência ao condutor e novos veículos autónomos utilizam a análise preditiva para analisar dados de sensores de veículos conectados e criar algoritmos de assistência ao condutor.

- Geração de energia - Previsão dos preços e da procura de electricidade.

As aplicações de previsão complexas utilizam modelos para monitorizar a disponibilidade de plantas, tendências históricas, sazonalidade e clima.

- Serviços Financeiros - Desenvolvimento de modelos de risco de crédito.

As instituições financeiras utilizam técnicas de Machine Learning e ferramentas quantitativas para a previsão do risco de crédito.

- Dispositivos médicos - Utilizando algoritmos de reconhecimento de padrões para a detecção de asma e doença pulmonar obstrutiva crónica.

Numa central eléctrica convencional, a potência de saída pode ser facilmente controlada ao contrário da potência de saída de uma central fotovoltaica devido à natureza da fonte de energia (intermitência) e a outros factores ambientais como a temperatura ambiente. A maior desvantagem dos sistemas fotovoltaicos é a incerteza da potência de saída.

Assim, para utilizar os sistemas FV de forma eficiente, é necessário prever a potência de saída do sistema FV. A previsão exacta da potência de saída do sistema fotovoltaico pode superar a natureza incerta da energia gerada e, portanto, melhorar a fiabilidade do sistema global. Neste capítulo, faremos uma análise preditiva utilizando redes neurais artificiais.

2.1 Modelos de previsão

A previsão da produção de um gerador fotovoltaico é um problema bastante complexo. A potência fotovoltaica fornecida pelo gerador depende de vários factores, tais como a luz solar e a temperatura.

Nesta secção, daremos uma visão geral de dois métodos de previsão actualmente utilizados para prever a produção de um gerador fotovoltaico que são :

- Modelos de regressão
- Redes neuronais artificiais.

2.1.1 A regressão

A análise de regressão pode ser considerada uma das técnicas mais famosas utilizadas para analisar dados multifactoriais. A análise de regressão é um processo estatístico utilizado para prever e expressar relações entre variáveis de interesse (variáveis dependentes e independentes).

O modelo mais simples de regressão é representado por um modelo **simples de regressão linear** que é um modelo com uma única variável explicativa (x) tendo uma relação com a resposta (y) numa linha recta, como se mostra abaixo :

$$y = \beta_0 + \beta_1 x \tag{2-1}$$

Com β_0 o ordenado original e β_1 o coeficiente de direcção da mão direita.

Por outro lado, outra forma de análise de regressão é a **regressão múltipla de** modelos. Este modelo considera mais do que uma variável independente. Por outras palavras, as regressões múltiplas têm simultaneamente em conta a influência de várias variáveis explicativas sobre uma variável de resposta. O modelo básico para a regressão linear múltipla é :

$$y = \beta_0 + \beta_1 x_1 + \beta_2 x_2 \tag{2-2}$$

Com β_1 e β_2 coeficientes de regressão e β_0 a encomenda original.

Assim, pode ser desenvolvido um modelo de regressão múltipla para prever a potência de saída de uma matriz fotovoltaica usando parâmetros meteorológicos como a temperatura ambiente (T) e a radiação solar (G). Existem muitos métodos para encontrar o coeficiente do modelo de regressão, tais como métodos empíricos baseados em MATLAB® e Excel.

2.1.2 Redes neuronais artificiais [11]

A origem das redes neurais vem da tentativa de modelar matematicamente o cérebro humano. Os primeiros trabalhos datam de 1943 e são o trabalho de Warren Sturgis McCulloch e Walter Pitts. Assumem que o impulso nervoso é o resultado de um simples cálculo de cada neurónio e que o pensamento nasce através do efeito colectivo de uma rede neural interligada.

Uma rede neural é um conjunto de constituintes elementares interligados (chamados "neurónios" em homenagem ao seu modelo biológico), cada um dos quais realiza um tratamento simples mas cujo conjunto interactivo faz emergir propriedades globais complexas. Cada neurónio funciona independentemente dos outros, de modo que o conjunto forma um sistema maciçamente paralelo. A informação é armazenada de forma distribuída na rede sob a forma de coeficientes sinápticos ou funções de activação, pelo que não existe área de memória nem área computacional, ambas estão intimamente ligadas.

Uma rede neural não é programada, é treinada através de um mecanismo de aprendizagem. As tarefas que são particularmente adequadas para o processamento de redes neurais são: associação, classificação, discriminação, previsão ou estimativa, e controlo de processos complexos.

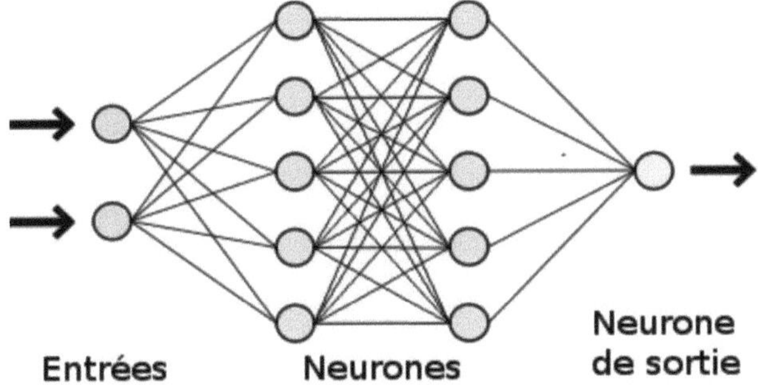

Figura 2-21: Diagrama de uma rede neural artificial

2.1.2.1 O neurónio formal:

Para compreender o que são redes neurais artificiais, começaremos com o elemento funcional da rede chamado neurónio formal.

Um "neurónio formal" (ou simplesmente "neurónio") é uma função algébrica não linear e limitada cujo valor depende de parâmetros chamados coeficientes ou pesos. As variáveis desta função são normalmente chamadas "inputs" do neurónio, e o valor da função é chamado o seu "output".

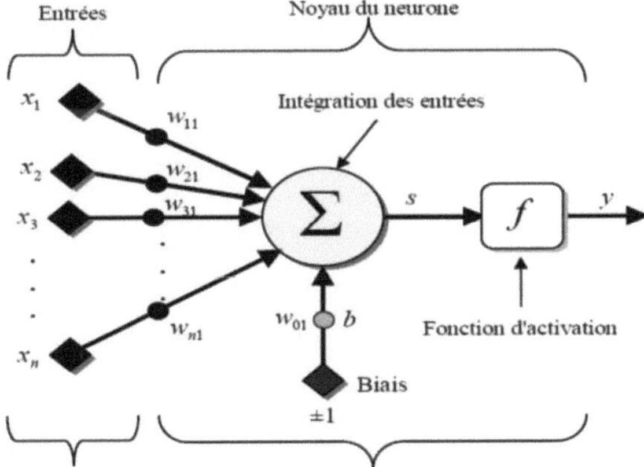

Figura 2-22: Diagrama de um

Um neurónio é portanto, acima de tudo, um operador matemático, cujo valor numérico pode ser calculado por algumas linhas de software.

- O x_i representam os vectores de entrada, vêm quer das saídas de outros neurónios, quer de estímulos sensoriais (sensor visual, sensor de som...);

- O w_{ij} são os pesos sinápticos do neurónio. j (peso das ligações). Correspondem à eficiência sináptica em neurónios biológicos. Estes pesos pesam as entradas e podem ser modificados pela aprendizagem ;

- Viés (b): entrada que frequentemente toma os valores -1 ou +1 que acrescenta flexibilidade à rede, permitindo variar o limiar de desencadeamento do neurónio, ajustando os pesos e o enviesamento durante a aprendizagem ;

- Kernel: integra todas as entradas e enviesamento e calcula a saída do neurónio de acordo com uma função de activação que é frequentemente não linear para dar maior flexibilidade de aprendizagem.

Um neurónio consiste essencialmente num integrador que executa a soma ponderada das suas entradas. O resultado s desta soma é depois transformada por uma função de transferência f saída y do neurónio. O n as entradas de neurónios correspondem ao vector $x = [x_1, x_2, \ldots x_n]^T$ enquanto $w = [w_1, w_2, \ldots w_n]^T$ representa o vector de peso dos neurónios. Assim, a produção s do integrador é dada pela seguinte relação:

$$s = \sum_{i=1}^{n} w_{ij} x_i \pm b$$

$$= w_{11}x_1 + w_{21}x_2 + \cdots + w_{n1}x_n \pm b \qquad (2\text{-}3)$$

Também pode ser escrito em forma de matriz: $s = w^T x \pm b$

Podemos ver que esta saída corresponde a uma soma ponderada dos pesos e das entradas mais o que se chama o enviesamento b do neurónio. O resultado s da soma ponderada é chamada o nível de activação do neurónio. O preconceito b é também denominado limiar de activação dos neurónios. Quando o nível de activação atinge ou ultrapassa o limiar b então o argumento de f torna-se positivo (ou zero). Caso contrário, é negativo.

Para as funções de transferência ou activação há várias possibilidades. Já se deve notar que nas versões originais, uma função geralmente usada do tipo "limite rígido", ou seja, uma função que só podia assumir dois valores, 0 ou 1, dependendo da força dos sinais que chegam ao neurónio excedendo um determinado limiar cujo valor é o oposto do enviesamento. Por outro lado, estas funções causaram enormes dificuldades na determinação dos pesos e dos enviesamentos durante a aprendizagem, porque não são deriváveis em $\mathbb{R}$. Além disso, também temos funções lineares que afectam directamente a sua entrada para a sua saída $(y = s)$mas a sua desvantagem é que estas funções são demasiado lineares e não envolvem qualquer mudança de declive.

Assim, para ultrapassar este problema de não-derivabilidade e linearidade, a função "sigmóide" é mais frequentemente utilizada, cuja forma está próxima de um passo. A sua equação é dada por :

$$y = \frac{1}{1 + exp^{-s}} \tag{2-4}$$

NB: a função hiperbólica tangente (tanh) é uma função simétrica do sigmóide.

Tabela 2: Algumas características de activação

Nome da função	*Relação entrada/saída*	*Nome MATLAB*
Limiar	$y = 0 \ \ si \ \ s < 0$ $y = 1 \ \ si \ \ s \geq 0$	Hardlim
Limiar simétrico	$y = -1 \ \ si \ \ s < 0$ $y = 1 \ \ si \ \ s \geq 0$	Hardlims
Linear	$y = s$	Purelin
Sigmoid	$y = \dfrac{1}{1 + exp^{-s}}$	Logsig
Tangente hiperbólica	$y = \dfrac{e^s - e^{-s}}{e^s + e^{-s}}$	Tansig

Competitivo	$y = 1$ *si s maximum* $y = 0$ Caso contrário	Competente

Normalmente, as redes neurais são acopladas a um "treino" ou algoritmo de aprendizagem que consiste na modificação de pesos sinápticos com base num conjunto de dados apresentados à entrada da rede. [11] O objectivo desta formação é permitir à rede neural "aprender" com os exemplos. Se a formação for feita correctamente, a rede é capaz de fornecer respostas de saída muito próximas dos valores originais do conjunto de dados de formação. As redes apresentadas acima são chamadas redes de aprendizagem supervisionada, e muitos outros modelos estão integrados neste amplo tema da ANR .

2.1.2.2 Arquitectura de redes neuronais artificiais

Um neurónio artificial isolado é de pouco interesse e raramente é utilizado. No entanto, uma vez interligados com outros neurónios, temos então uma rede capaz de resolver problemas muito complexos: classificação, reconhecimento de padrões, previsão de séries temporais, etc. É frequentemente uma solução ideal quando temos muitos dados e não conhecemos as regras que regem os fenómenos que queremos modelar.

A arquitectura de uma rede neural depende da tarefa a ser aprendida. Uma rede neural é geralmente composta por várias camadas de neurónios, desde entradas a saídas. Existem dois tipos principais de arquitecturas de redes neurais: redes neurais não inclinadas e redes neurais em loop.

- **Redes neuronais não em loop:** executam uma ou mais funções algébricas dos seus inputs, pela composição das funções desempenhadas por cada um dos seus neurónios formais. Uma rede neural não inclinada pode ser representada graficamente pela disposição de vários neurónios ligados uns aos outros, a informação fluindo das entradas para as saídas sem possibilidade de voltar atrás.

Entre estas redes neurais não inclinadas temos: redes neurais monocamadas, redes neurais multicamadas (Perceptron Multilayer ou PMC) e redes neurais com ligações locais.

Exemplo: Feed-Forward (newff ou feedforwardnet): As redes feed-forward são redes não inclinadas e consistem numa série de camadas. A primeira camada é ligada a partir da entrada da rede. Cada camada subsequente tem uma ligação a partir da camada anterior. A última camada produz a saída da rede. As redes de acção directa podem ser utilizadas para qualquer tipo de mapeamento de entrada/saída. Uma rede feedforward com uma camada oculta e neurónios suficientes nas camadas ocultas pode ser adequada para qualquer problema de mapeamento de E/S acabado.

<u>NB</u>: As redes neuronais não em loop são objectos estáticos: se as entradas são independentes do tempo, as saídas também são independentes do tempo. São principalmente utilizados para realizar tarefas de aproximação de funções não lineares, classificação ou modelação de processos estáticos não lineares.

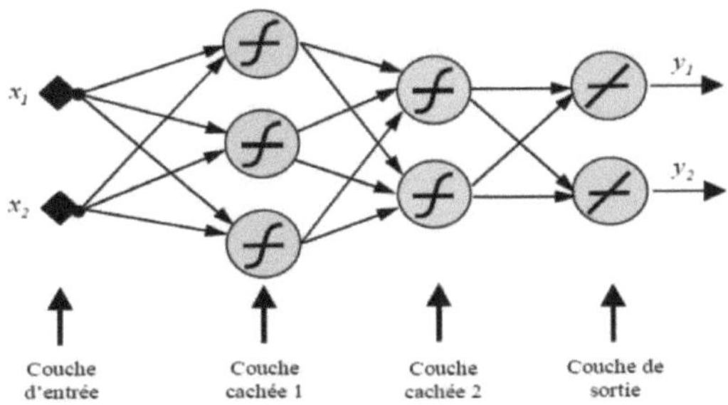

Figura 2-23: Rede não inclinada

- **Redes neurais em loop:** ao contrário das redes neurais não inclinadas com um gráfico acíclico, as redes neurais em loop podem ter qualquer topologia com loops trazendo de volta às entradas o valor de uma ou mais saídas. Uma rede de neurónios em laço é assim um sistema dinâmico governado por equações diferenciais porque para que tal sistema seja causal, um atraso deve obviamente ser associado a cada laço. É assim uma rede com rede de feedback ou rede recorrente.

<u>Exemplo</u>: **Cascade-forward (newcf ou cascadeforwardnet):** A rede neural cascade-forward é uma classe de redes neurais semelhante às redes feed-forward, mas que inclui uma ligação a partir da entrada e de cada camada anterior às seguintes camadas. Numa rede com três camadas, a camada de saída está também ligada directamente à camada de entrada ao lado da camada mascarada. Tal como acontece com as redes feed-forward, uma rede em cascata com duas ou mais camadas pode aprender qualquer relação arbitrariamente finita de input-output com neurónios escondidos suficientes. As redes neurais em cascata podem ser utilizadas para

31

qualquer tipo de mapeamento de entrada/saída. A vantagem deste método é que integra a relação não linear entre entrada e saída ao não eliminar a relação linear entre os dois.

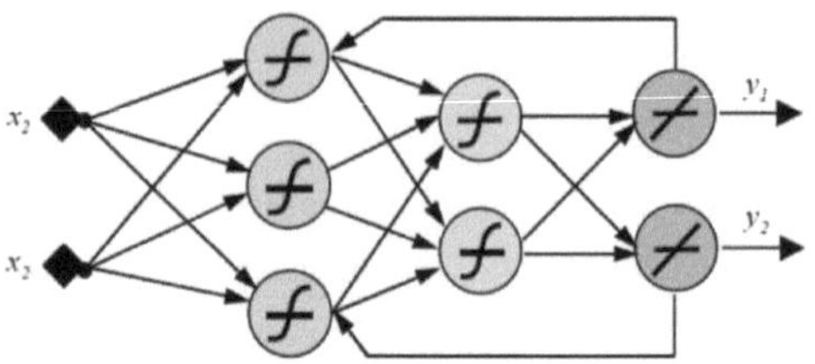

Figura 2-24: Rede em loop

NB: **As redes neurais em loop são utilizadas para realizar tarefas dinâmicas de modelagem de sistemas, controlo de processos ou filtragem.**

É de notar que na literatura há uma multiplicidade de modelos propostos, mas todos eles podem ser classificados de acordo com estas duas famílias.

2.1.2.3 Aprendizagem

A funcionalidade de uma rede neural é determinada pela combinação da topologia e dos pesos das ligações dentro da rede. Normalmente a topologia é fixa e os pesos são determinados por um certo algoritmo de aprendizagem. O processo de ajustamento dos pesos para que a rede aprenda a relação entre os inputs e os alvos chama-se aprendizagem ou formação. Há diferentes algoritmos de aprendizagem disponíveis para obter um conjunto óptimo de pesos que resultam na solução apropriada para os problemas. Em termos gerais, os algoritmos de aprendizagem estão divididos em dois grupos principais:

- **APRENDIZAGEM SUPERVISTA:** a rede é formada pelo fornecimento das suas entradas e saídas desejadas (valores-alvo). O conhecimento de aprendizagem entre os pares input-output é fornecido por uma variável externa, ou pelo sistema que contém a rede. A diferença entre os resultados reais e os desejados é utilizada pelo algoritmo para adaptar os pesos na rede.

No MATLAB, a aprendizagem é gerida pelo algoritmo Levenberg-Marquardt (Ver Apêndices).

- **APRENDIZAGEM NÃO SUPERVISTA**: Neste tipo de aprendizagem, não há feedback do ambiente para indicar se os resultados da rede estão correctos. A própria rede deve revelar automaticamente as características, regulamentos, correlações ou categorias dos dados introduzidos.

Modelos baseados em redes neurais artificiais (ANN) fornecem uma forma de resolver o problema da disponibilidade de energia excedentária, o que leva à relação não linear entre as variáveis de entrada e saída do sistema complexo. A capacidade de auto-aprendizagem das ANNs é considerada como a principal vantagem destes modelos. Portanto, estes modelos devem ser precisos quando se trata de desempenho incerto, tal como a potência de saída da matriz fotovoltaica.

A principal vantagem dos ANRs é que podem fornecer a solução para problemas que são demasiado complexos para as tecnologias convencionais, problemas para os quais não existe uma solução algorítmica ou para os quais uma solução algorítmica é demasiado complexa para ser definida.

No entanto, a escolha do melhor preditor será feita de acordo com uma comparação de variantes de redes neurais, a fim de ver as mais eficientes. Assim, para fazer esta comparação, basear-nos-emos numa estimativa dos erros de cada modelo.

2.2 Estimativa de erros de previsão

Há muitos métodos para verificar a eficácia de um pregador. Na nossa análise, basear-nos-emos na estimativa de alguns erros estatísticos e compará-los-emos para cada NAS utilizado. Estes erros estatísticos são: erro quadrático médio (RMSE), erro médio absoluto (MAE ou MAPE) e enviesamento médio (MBE).

2.2.1 Erro quadrático médio de raiz (*RMSE*)

Representa a medição da variação dos valores previstos em torno dos valores medidos. Além disso, o RMSE indica a eficácia do modelo utilizado para a previsão de valores futuros. Quando o RMSE é positivo e suficientemente grande significa que existe um grande desvio do valor previsto em relação ao valor medido. Assim, pode ser calculado por :

$$RMSE = \sqrt{\frac{1}{n}\sum_{i=1}^{n}(P_i - M_i)^2} \tag{2-5}$$

Onde P_i é o valor previsto e M_i é o valor medido.

Note-se que o cálculo do RMSE é diferente para a regressão. De facto, para uma regressão múltipla, dividimos pelo grau de liberdade $n - k - 1$ onde k é o número de variáveis explicativas.

2.2.2 Percentagem Média Média de Erro Absoluto Média (*MAPE*)

Pode destacar a precisão geral de uma rede neural. Assim, diminuir a MAPE significa simplesmente melhorar a previsão média. A MAPE pode ser calculada através da seguinte fórmula:

$$MAPE = \frac{1}{n}\sum_{i=1}^{n}\left|\frac{M - P}{M}\right| \tag{2-6}$$

NB: a utilização da MAPE é diferente da da RMSE. A MAPE é menos sensível a grandes erros, enquanto que a RMSE penaliza fortemente os grandes desvios por causa da quadratura do erro.

2.2.3 Polarização média (MBE)

É definido como o desvio algébrico médio entre o valor previsto e o valor medido. Um valor positivo do MBE significa que, a longo prazo, a acumulação dos dados previstos subestima a acumulação das medições reais e vice-versa. Pode ser calculado através da seguinte fórmula :

$$MBE = \frac{1}{n}\sum_{i=1}^{n}(P_i - M_i) \tag{2-7}$$

Para medir a eficácia da previsão dada pelas ANRs utilizadas, iremos comparar a melhor previsão com um método de regressão múltipla.

CHAPITRE 3   APLICAÇÃO: SIMULAÇÃO E SELECÇÃO DO MODELO DE PREVISÃO APROPRIADO

3.1 Metodologia e objectivos da simulação

O objectivo deste estudo é prever a produção de um prosumer com base numa base de dados de monitorização de uma instalação fotovoltaica. Como introduzido anteriormente, vamos construir uma previsão baseada em redes neurais artificiais. A fim de escolher o melhor preditor, faremos uma comparação cruzada de duas topologias. Primeiro utilizaremos a regressão múltipla para determinar a equação geral que liga os dados do prosumer que podem ser utilizados como preditor. Depois utilizaremos duas arquitecturas de rede neural artificial (com e sem inclinação) como preditor e compararemos os seus índices de desempenho a fim de escolher a melhor.

Para este estudo, temos o mesmo prosumer apresentado na secção **1.3.2.2.** Além disso, utilizaremos aqui as medidas reais da luz do sol (G) e temperatura ambiente ($Tamb$) como entradas modelo.

NB: Estas medições reais são as medições efectuadas a intervalos regulares (10min) ao nível da instalação.

Este trabalho será feito no âmbito da MATLAB/NeuralNetworkToolbox.

O Matlab é uma linguagem de programação de alto nível para computação científica.

Pode ser encontrado em aplicações de :

- Cálculo,

- Desenvolvimento de algoritmos,

- Modelação e simulação,

- Criação de aplicações com interfaces de utilizador.

Há um grande número de *"caixas de ferramentas"*, famílias de funções que estendem as funções básicas do Matlab a um determinado tipo de problema. Existem *caixas de ferramentas nos* campos de processamento de sinais, controlo de sistemas, redes neurais, lógica fuzzy, wavelets, simulação, etc. A Caixa de Ferramentas de Redes Neurais é uma delas e permite simular redes neurais artificiais.

3.2 Desenvolvimento e simulação de algoritmos

Como anunciado anteriormente na secção de metodologia, vamos encontrar primeiro a equação de previsão geral com regressão multivariada. Depois iremos treinar e testar duas arquitecturas de RNA (feed-forward e cascade-forward).

3.2.1 Particionamento de séries de dados

Um método típico de aprendizagem de uma rede é particionar primeiro o conjunto de dados em três conjuntos de desarticulação: o conjunto de aprendizagem, o conjunto de validação e o conjunto de teste. A rede é treinada directamente no conjunto de formação, a sua capacidade de generalização é monitorizada no conjunto de validação, e a sua capacidade preditiva é medida no conjunto de teste. A generalizabilidade de uma rede mede indirectamente a medida em que a rede pode lidar com inputs imprevistos, por outras palavras, inputs sobre os quais não foi treinada. Uma rede que produz um erro de previsão elevado em entradas não previstas, mas um erro baixo em entradas de formação, teria ajustado em demasia os dados de formação. O excesso de formação ocorre quando a rede é cegamente treinada até ao mínimo erro total ao quadrado com base no conjunto de formação. Uma rede que formasse em excesso os dados de formação teria uma baixa capacidade de generalização.

A série temporal de dados do prosumer a ser simulada refere-se ao período de 18/04/2012 a 28/06/2012, com medições efectuadas em intervalos de 10mn. Assim, temos 10368 medições, ou seja, 72 dias de medições reais.

Assim, para a simulação, aplicaremos a regra de partição (*divisória*) da Neural Network Toolbox, tomando 70% (7258 medições) dos dados para formação, 15% (1556) para validação, e 15% (1556) para testar o modelo.

3.2.2 Regressão multivariada

Nesta parte procuraremos a equação que prevê a potência PV produzida pelo prosummer com um modelo de regressão multivariada com duas variáveis explicativas, luz solar e temperatura ambiente. Para o algoritmo de regressão, será baseado apenas nos dados de formação.

3.2.2.1.1 Algoritmo I

```
clear all; clc
% Modèle de régression multivariable
%---Rappel des données--------------------------------------------
---
fileName = 'DonnéesProsumerMesuresRéelles' ;
sheetName = 'Mesures réelles' ;
G=xlsread(fileName, sheetName , 'J3:J7260') ;% Ensoleillement
Tamb=xlsread(fileName, sheetName , 'N3:N7260'); %Temp. ambiante
P_PV=-xlsread(fileName, sheetName , 'T3:T7260'); % Puissance PV
C_PV=xlsread(fileName, sheetName , 'O3:O7260'); %Consommation W
E_Gap=P_PV-C_PV; % Gap d'énergie
% ------Régression linéaire--------
X=[Tamb,G];
lm=fitlm(X,E_Gap,'linear');
disp(lm)
```

O algoritmo começa com a recolha de dados com a função *xlsread*. Depois a função *fitlm* encarregar-se-á de encontrar a correlação entre as entradas (luz solar e temperatura ambiente) e a saída (diferença de energia).

NB: a matriz E_Gap contém valores positivos (P > C) e negativos (P < C).

3.2.2.1.2 Resultados Algoritmo I

Após a execução do algoritmo, obtemos :

```
Linear regression model:
    y ~ 1 + x1 + x2

Estimated Coefficients:
                  Estimate       SE        tStat       pValue

    (Intercept)    -969.06     53.839     -17.999     6.7605e-71
    x1               5.679     1.9663       2.8881     0.003887
    x2              3.7814    0.040557      93.236              0


Number of observations: 7258, Error degrees of freedom: 7255
Root Mean Squared Error: 815
R-squared: 0.681,  Adjusted R-Squared 0.681
F-statistic vs. constant model: 7.75e+03, p-value = 0
```

Verificamos que, para 7258 observações, o modelo de regressão foi capaz de estimar os resultados com um $RMSE = 815$.

Mas o que nos interessa em primeiro lugar são os coeficientes estimados pelo modelo de regressão linear. Assim, podemos escrever a equação geral que liga a potência PV aos valores de entrada (luz solar e temperatura ambiente):

$$S_{reg} = -969,06 + (5,679 * T_{amb}) + (3,7814 * G) \qquad (3\text{-}1)$$

Com S_{reg} os resultados estimados do modelo de regressão múltipla ; T_{amb} a temperatura ambiente, e G a luz do sol.

Mais tarde iremos testar esta equação com os dados do teste.

3.2.3 Simulação de redes neurais

Vimos que a regressão múltipla pode bem ser usada para prever os nossos dados de prosumer. Por conseguinte, iremos desenvolver um algoritmo que irá primeiro prever a potência PV do nosso prosummer com os dados de entrada.

Em segundo lugar, o algoritmo irá comparar os resultados obtidos com os da regressão linear, traçando as curvas. E a fim de calcular os critérios de desempenho nomeadamente o MAPE, o RMSE e o MBE de cada modelo.

3.2.3.1.1 Algoritmo II

```
clear all,clc
%%================== *Analyse prédictive*
==================================================
%% (1) Rappel des données
%---Données pour l'apprentissage (70% des données)---------------------
---
fileName = 'DonnéesProsumerMesuresRéelles';
sheetName = 'Mesures réelles' ;
G=xlsread(fileName, sheetName , 'J3:J7260'); % Ensoleillement
Tamb=xlsread(fileName, sheetName , 'N3:N7260'); %Temp. ambiante
P_PV=-xlsread(fileName, sheetName , 'T3:T7260'); % Puissance PV
C_PV=xlsread(fileName, sheetName , 'O3:O7260'); %Consommation W
%---Données pour le Test (15% des données totales)-------------------
---
G_Test=xlsread(fileName, sheetName , 'J7261:J8816'); %
Ensoleillement
Tamb_Test=xlsread(fileName, sheetName , 'N7261:N8816');% Temp.
ambiante
P_PV_Test=-xlsread(fileName, sheetName , 'T7261:T8816'); % Puissance
PV
C_PV_Test=xlsread(fileName, sheetName , 'O7261:O8816'); %
Consommation
```

```matlab
%---Calcul du gap d'énergie
E_Gap=P_PV-C_PV;
E_Gap_Test=P_PV_Test-C_PV_Test;
%================================================================
===
%% (2) Réseaux de neurones artificiels
%--------Simulation et apprentissage
%---Définition des matrices d'entrées et de sorties du réseau
entrees = [G, Tamb]; % Entrées ensoleillement G et Température
ambiante
E=entrees';
sorties= [E_Gap];
S=sorties';
%---Choix de l'architecture du réseau
k=menu('choisis le type de réseau','Feed-forward','Cascade-
forward');
if k==1;
net = newff(E,S,5); %Feedforward avec nombre de neurones = 5
end
if k==2;
net = newcf(E,S,2);%Cascade-forward avec nombre de neurones = 2
end
%---Training/Apprentissage
Y = sim(net,E);      %---Simulation du réseau avec l'architecteure
choisi
net.trainParam.epochs = 200;    %---Nombre maximal d'itération
net.trainParam.time = 60;     %---temps maximal d'apprentissage
net = train(net,E,S);%Apprentissage avec l'algorithme par défaut de
Levenberg-Marquardt.
%---Test
test=[G_Test, Tamb_Test]';    %---Matrice des données de Test
S_RNA1 = sim(net,test);
S_RNA= S_RNA1';                %----Valeur prédites par le modèle

%=========================Fin des
RNA===================================
%% (3) Régression multivariable
%--Test de l'Equation obtenue à partir des données d'apprentissage
S_reg=-969.06+5.679.*Tamb_Test+3.7814.*G_Test ;

%% (4) Traçage des courbes
S_Test=[E_Gap_Test]; %Sorties ciblas
subplot(2,1,1);
plot(S_Test,'b')     %Cible
hold on
plot(S_RNA,'r')        %résultat RNA
legend('Test(Mesures réelles)','RNA(prédites)')
xlabel('Temps (intervalle de 10mn par mesure)')
ylabel('Puissance en W')
title('Courbe des puissances (mesurées et prédites)')
subplot(2,1,2);
plot(S_Test,'b')
hold on
```

```matlab
plot(S_reg,'.g-')         %résultat régression
legend('Test(Mesures réelles)','Régression(prédites)')
xlabel('Temps (intervalle de 10mn par mesure)')
ylabel('Puissance en W')
%% (5) Evaluation des performances
% Critères de performance des RNA
n=length(S_Test);
%  a) MAPE
Error1=S_Test-S_RNA;
RNA_MAE=(sum(abs(Error1)))/n;
RNA_MAPE=(RNA_MAE*n/sum(abs(S_Test)))*100;
%  b) RMSE
RNA_RMSE=sqrt(sum(Error1.^2)/n);
%  c) MBE
RNA_MBE=sum(Error1)/n;
%---------------------------------------------
% Critères d'évaluation de la régression
Error2=S_Test-S_reg;
%  a) MAPE
reg_MAE=(sum(abs(Error2)))/n;
reg_MAPE=(reg_MAE*n/sum(abs(S_Test)))*100;
%  b) RMSE
reg_RMSE=sqrt(sum(Error2.^2)/(n-3));%Régression multiple on divise
la mse par n-k-1 (avec k nbre de variables explicatives)
%  c) MBE
reg_MBE=sum(Error2)/n;
% Création de table pour les valeurs
Name={'Réseau de Neurones';'Régression multivariable'};
MAE=[RNA_MAE;reg_MAE];
MAPE=[RNA_MAPE;reg_MAPE];
RMSE=[RNA_RMSE;reg_RMSE];
MBE=[RNA_MBE;reg_MBE];
T=table(MAE,MAPE,RMSE,MBE,'RowNames',Name)
S=sum(S_RNA)/10000;
disp(['le surplus moyen net par jour est de : ',num2str(S)])
%%============================GOODBYE============================
===
```

NB: Para a escolha do número óptimo de neurónios escondidos, escolhemos 5 para ambas as topologias. Existem regras diferentes para determinar este número (Ver ApêndiceA) mas no nosso estudo determinámo-lo após várias simulações e comparação dos resultados obtidos.

A compilação deste algoritmo é feita em duas etapas. Primeiro, é preciso escolher um dos dois modelos NAS (feed-forward, cascade-forward).

3.2.3.1.2 Resultados com arquitectura feed-forward

No nosso algoritmo, escolhemos um número de neurónios escondidos igual a 5 para a arquitectura feed-forward.

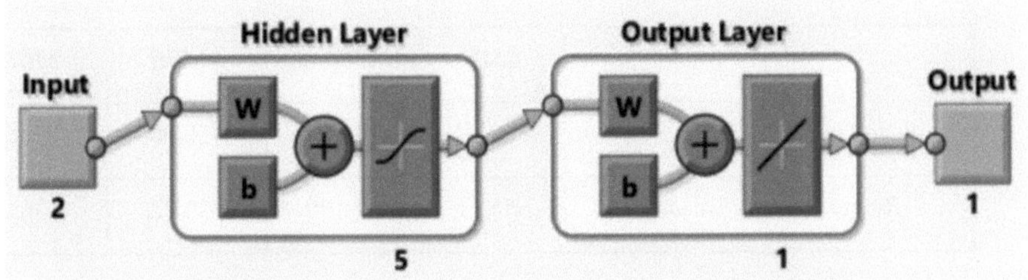

Figura 3-31: Arquitectura (feed-forward) da rede neural para o algoritmo I

A compilação do algoritmo permite-nos comparar graficamente os dados previstos pela arquitectura ANR escolhida e os previstos pelo modelo de regressão. Com as parcelas, podemos ter uma ideia do melhor prognosticador a escolher. Mas a validação só pode ser feita com a avaliação dos erros.

Lembre-se também que os testes são feitos por um período de 11 dias.

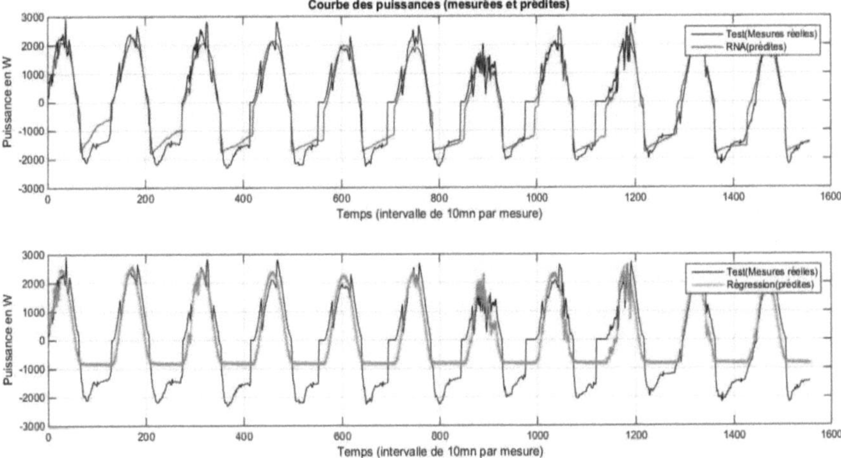

Figura 3-32: Resultado da simulação com a arquitectura feed-forward

Estes dois gráficos mostram-nos claramente que os dados previstos pela arquitectura *feed-forward* estão mais próximos dos dados alvo em comparação com os dados previstos pela regressão. Além disso, a avaliação das diferenças entre os dois modelos permitir-nos-á ser mais precisos. O algoritmo calcula os erros para cada modelo.

Tabela 3: Tabela de erros (feed-forward vs. regressão)

	AMF	*MAPE (%)*	*RMSE*	*MBE*
Rede neural (feed-forward)	326,17	24,489	436,08	30,93
Regressão multivariada	655,11	49,186	738,22	-136,87

3.2.3.1.3 Resultados com a arquitectura cascade-forward

Procederemos como na primeira simulação do algoritmo II com a diferença de que aqui escolhemos a arquitectura em loop (cascade-forward).

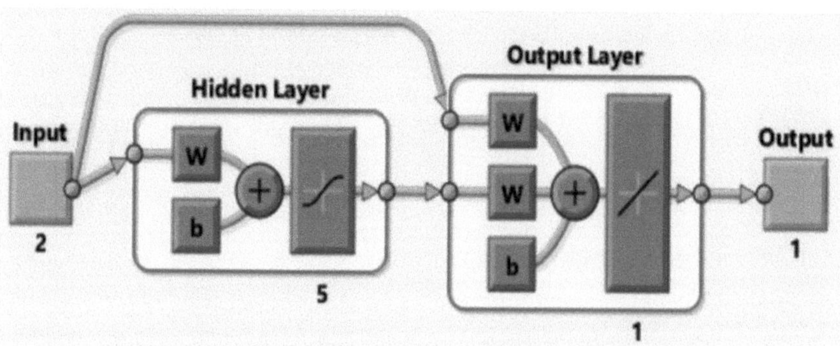

Figura 3-33: Arquitectura (cascade-forward) da rede neural para algoritmo I

Com esta arquitectura obtemos os seguintes gráficos:

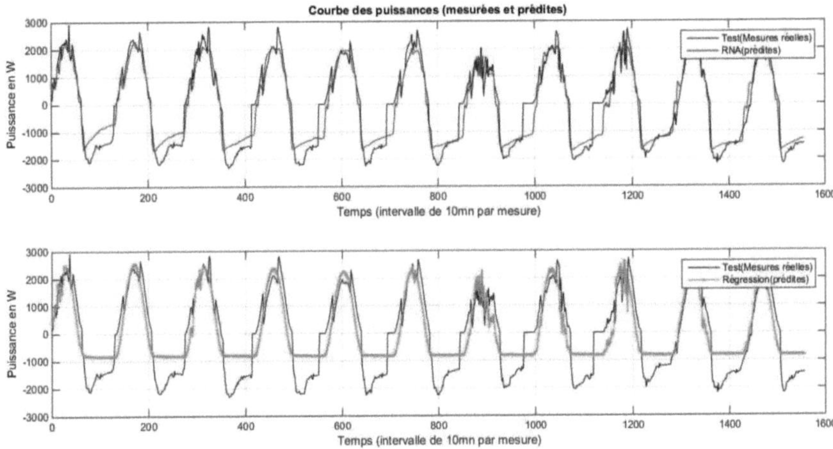

Figura 3-34: Resultado da simulação com arquitectura cascade-forward

Estas curvas mostram-nos novamente que a ANR é mais eficiente do que a regressão multivariada. Mas ainda precisamos de conhecer os desvios de cada modelo para sermos mais precisos e para escolhermos a melhor arquitectura.

Tabela 4: Tabela de erros (cascade-forward vs. regressão)

	AMF	*MAPE (%)*	*RMSE*	*MBE*
Rede neural (cascade-forward)	353,15	26,515	472,44	42,269
Regressão multivariada	655,11	49,186	738,22	-136,87

3.3 Discussão dos resultados e escolha do melhor modelo

Os resultados da simulação dão-nos o seguinte quadro resumo:

Quadro 5: Quadro recapitulativo dos erros estatísticos

	AMF	*MAPE* *(Exactidão)*	*RMSE* *(Eficiência)*	*MBE*
Rede neural (feed-forward)	326,17	24,489 %	436,08	30,93
Rede neural (cascade-forward)	353,15	26,515 %	472,44	42,269
Regressão multivariada	655,11	49,186 %	738,22	-136,87

Pode-se ver que a rede neural feed-forward é mais eficiente do que os outros modelos utilizados. De facto, com um $RMSE = 436.08$ podemos ver que oferece um menor desvio do valor previsto em relação ao valor medido. Além disso, temos uma melhor precisão geral com este modelo ($MAPE = 24,489\%$.). O valor positivo do MBE (30,93) mostra-nos que, a longo prazo, a acumulação de dados de previsão subestima a acumulação de medições reais.

Este modelo pode agora ser utilizado para prever a produção de um prosummer durante 10 dias. Só precisa de ter a previsão do tempo para os próximos 10 dias.

Finalmente, graças a esta abordagem, somos capazes de parametrizar um grande painel de prosumers (dados meteorológicos diferentes) e simular a evolução dos seus excedentes. Isto permitir-nos-á negociar contratos de compra de energia (EPCs).

CONCLUSÃO E RECOMENDAÇÕES

Embora as redes eléctricas actuais já disponham de uma vasta gama de ferramentas de controlo que permitem um funcionamento fiável e estável, o surgimento de sistemas mais complexos, interligados e distribuídos requer acções inteligentes e automatizadas. Os dados medidos em tempo real por sensores espalhados pelas redes poderiam ser combinados com algoritmos de aprendizagem automática para prever eventos e melhorar o controlo do sistema. Assim, esta tese tem sido dedicada ao estudo da evolução do excedente de produção de um prosumer com uma abordagem baseada na análise preditiva utilizando redes neurais artificiais.

Este resumo foi dividido em três capítulos. A primeira centra-se na gestão moderna da energia imposta por uma rede eléctrica em evolução e pela emergência das energias renováveis. O segundo capítulo discute o método de previsão utilizado, redes neurais artificiais. E o último capítulo, centra-se num exemplo de aplicação de ANR num autoprodutor tendo como sistema de produção um sistema fotovoltaico.

A principal contribuição do primeiro capítulo é o desenvolvimento de um modelo de rede (smartgrid) baseado em novas tecnologias e na superação dos problemas técnicos da rede actual. Assim, pudemos mostrar o comportamento de um potencial de autoprodução face ao operador da rede e também o quadro regulamentar que lhe permite tirar partido do seu sistema no Senegal.

Os dois últimos capítulos contribuíram primeiro para nos dar a possibilidade de capturar as correlações entre os dados meteorológicos (luz solar, temperatura ambiente) e o excesso de energia produzida por um autoprodutor. Depois obtivemos um modelo capaz de prever até 11 dias de produção. Finalmente, somos capazes de negociar um contrato de compra de energia.

> *Recomendações :*

Este estudo provou a eficiência de redes neurais artificiais com duas topologias diferentes (looped e unlooped) na previsão da produção excedentária de um autoprodutor. O acesso a dados mais recentes e mais recentes pode aumentar a eficiência dos modelos concebidos, melhorando o nível de adaptação das ANNs utilizadas.

No entanto, outras perspetivas continuam por desenvolver a partir deste projecto, que apresenta uma justificação para a eficácia da previsão da produção de energia utilizando NAS.

Esta secção apresenta, portanto, algumas ideias que poderiam melhorar os modelos apresentados neste resumo.

- Os modelos actuais desenvolvidos neste estudo podem ser melhorados testando outros tipos de arquitecturas ao nível da ligação neural. Por exemplo, utilizando mais de uma camada oculta, tente outros tipos de funções de activação ou outras formas de aprendizagem do NAS.

- Integração de novas variáveis de entrada para melhorar a qualidade da previsão

- Experimente esta abordagem para outras configurações de prosumers integrando várias fontes de energia (vento, gasóleo, etc.).

No entanto, faremos uma recomendação sobre o método de revenda de energia excedentária com ênfase na importância da formação de controladores.

Quando um contrato é celebrado entre duas entidades, uma das duas deve comprometer-se a injectar uma certa quantidade de energia na rede durante um certo período, em troca de uma remuneração proporcional a essa quantidade e duração.

Contudo, se por qualquer razão o controlador não honrar o seu contrato, estará sujeito a sanções financeiras proporcionais ao hiato de produção e à duração de tais hiatos. O problema é que a produção oferecida por um controlador é na realidade uma soma de produção excedentária de prosumers, gerada por geradores renováveis.

Assim, quanto maior for o contrato, maiores podem ser os ganhos. Mas a probabilidade de não produzir o suficiente, ou seja, o risco, também aumenta. Esta probabilidade é, portanto, uma quantidade crucial nas decisões estratégicas e económicas de um agregador, pelo que formar a sua coligação com base nela pode ser uma estratégia que compensa.

Referências Bibliográficas

[1] B. Pillot, Planification de l'électrification rurale décentralisée en Afrique subsaharienne à l'aide de sources renouvelables d'énergie: le cas de l'énergie photovoltaïque en République de Djibouti, Université Pascal Paoli, 2014.

[2] Centro de Energias Renováveis e Eficiência Energética da CEDEAO (CERBEC), "ECOWAS Renewable Energy Policy," 2015.

[3] Eurogroup Consulting, L'énergie en Afrique à l'horizon 2050, Imprimerie Grillet, 2015.

[4] G. Guérard, Optimização da difusão de energia em redes inteligentes, Universidade de Versalhes - Ecole doctorale sciences et technologies, 2014.

[5] M. A. Abdoulaye, tese de mestrado: Comportamento das centrais solares na rede SENELEC: Impacto da intermitência na gestão de frequências, Université Gaston Berger de Saint-Louis (UGB), 2018.

[6] E. Schneider, Guide de conception des réseaux électriques indutriels.

[7] P. R. Eric Félice, Qualité des réseaux électriques et efficacité énergétique, Paris: Dunod, 2009.

[8] N. GENSOLLEN, Modelação e optimização de uma rede eléctrica distribuída: Uma abordagem complexa do sistema de gestão do prosumer na rede inteligente, Paris: École doctorale Informatique, Télécommunications et Électronique (Paris), 2016.

[9] T. Khatib ct W. Elmenreich, Modelação de sistemas fotovoltaicos utilizando MATLAB® : códigos verdes simplificados / por Tamer Khatib, Wilfried Elmenreich, N. J. :. J. W. &. S. I. [. |. Hoboken, Éd., New Jersey: John Wiley & Sons, Inc., New Jersey: John Wiley & Sons, Inc., John Wiley & Sons, Inc. Todos os direitos reservados, 2016.

[10] Commission de Régulation du Secteur de l'Electricité (CRSE), "Document de consultation publique relatif à la détermination du tarif d'achat du surplus d'énergie

électrique d'origine renouvelable résultant d'une production pour consommation propre", Dakar, Junho de 2018.

[11] Y. Djeriri, "Les réseaux de neurones artificiels", Universidade de Sidi-Bel-Abbes, 2017.

[12] P. N. Ramesh Babu, SMART GRID SYSTEM: Modelação e Controlo, Waretown, NJ 08758: Apple Academic Press, Inc., 2019.

[13] C. Voyant, "Prediction of time series of global solar radiation and energy production", Universidade da Córsega - Pascal Paoli, Córsega, 2011.

APÊNDICE A- DETERMINAÇÃO DO NÚMERO DE NEURÓNIOS NA CAMADA OCULTA [12]

Diferentes arquitecturas utilizam um número diferente de neurónios na camada oculta. Se o número de neurónios na camada oculta for pequeno, pode não detectar sinais, resultando em subajuste, e inversamente, a utilização de mais neurónios na camada oculta irá aumentar o tempo de aprendizagem e pode resultar em sobre-aprendizagem. Não existe um procedimento apropriado para seleccionar o melhor número de neurónios na camada oculta. Os factores de escolha dependem do número de unidades de entrada e saída, do número de casos de aprendizagem, da complexidade da função de erro, da arquitectura da rede e do algoritmo de aprendizagem.

Há muitas regras para seleccionar o número de unidades em camadas ocultas :

- $m \in [n, k]$ entre o tamanho da camada de entrada e o tamanho da camada de saída;

- $m = \frac{2(n+k)}{3}$ dois terços do tamanho da camada de entrada e dois terços do tamanho da camada de saída;

- $m < 2n$: menos do dobro do tamanho da camada de entrada;

- $m = \sqrt{n * k}$: raiz quadrada do produto do tamanho da camada de entrada e do tamanho da camada de saída;

- $m = \left(\sqrt{n + 1}\right) + 10$

Estas regras declaradas por vários investigadores só podem ser consideradas como uma referência grosseira ao seleccionar um tamanho de camada oculta. A melhor abordagem para encontrar o número óptimo de unidades escondidas é a tentativa e o erro. Pode-se concluir que as regras acima mencionadas podem ser consideradas como uma referência para a abordagem do julgamento e do erro, e estabelecer a escolha certa, obtendo o desempenho de cada caso de modo a que seja encontrada uma solução óptima para o problema definido.

APÊNDICE B- ALGORITMO LEVENBERG-MARQUARD [12]

O algoritmo Levenberg-Marquardt (LM) calcula a actualização do peso da rede usando segundas derivadas com base no método de Newton. O algoritmo LM é menos complexo que o método do gradiente, uma vez que o cálculo é feito por matriz Jacobiana em vez de matriz Hessiana. O algoritmo LM funciona como uma combinação do método de Newton e o método do gradiente, como se segue. A actualização do peso é feita por:

$$w_{k+1} = w_k - [J^T J + \mu J]^{-1} J^T e \tag{3-2}$$

Onde **J** é a matriz Jacobiana que contém a primeira derivada do erro, **I** é a matriz de identidade, **μ é o** parâmetro Marquardt que deve ser actualizado de acordo com a taxa de decaimento da produção, e **e** é o erro real.

ANEXO C- CALENDÁRIO MÉDIO DE DADOS DO PROSUMER

Mois		Heure	Courant Gén. PV(A)	Tension sortie Ond.(V)	Courant sortie Ond.(A)	Rayonnement global plan PV (W/m^2)	Température cellule PV (C°)	Température generateur PV (C°)	Température Ambiante (C°)	Consommation sortie Ond.(W)	Puissance PV (W)	Rendement PV(%)
	1	01:00:00	-0,1	210,8	7,8	0,0	24,6	26,7	27,2	1749,9	-1,9	0,0
	2	02:00:00	0,0	202,2	6,6	0,0	24,1	26,1	26,7	1437,0	-1,9	0,0
	3	03:00:00	0,0	188,9	5,8	0,0	23,3	25,4	25,9	1247,9	-1,8	0,0
	4	04:00:00	0,0	171,7	5,2	0,0	22,3	24,6	25,1	1103,4	-1,8	0,0
	5	05:00:00	0,0	122,4	3,7	0,0	21,6	23,9	24,5	772,2	-1,5	0,0
	6	06:00:00	0,0	25,5	0,8	0,0	20,1	22,5	23,1	161,7	-1,1	0,0
	7	07:00:00	0,0	2,6	0,1	0,0	19,0	21,6	22,3	16,7	-0,9	0,0
	8	08:00:00	-0,2	0,0	0,0	2,7	18,3	21,0	21,7	0,0	-8,1	0,0
	9	09:00:00	-5,6	0,0	0,0	75,8	21,1	22,3	22,2	0,0	-266,8	-6,8
	10	10:00:00	-18,1	0,0	0,0	241,8	29,4	26,0	25,0	0,0	-871,3	-10,6
	11	11:00:00	-34,8	165,8	4,1	464,9	39,0	29,5	28,3	802,8	-1672,6	-10,6
Avril	12	12:00:00	-48,9	211,8	5,0	653,7	47,4	33,0	31,9	973,2	-2394,2	-10,8
	13	13:00:00	-59,6	227,8	5,3	799,5	53,9	36,2	34,9	1038,4	-2962,9	-10,9
	14	14:00:00	-63,5	227,6	5,3	853,6	57,1	38,5	37,5	1017,5	-3196,0	-11,0
	15	15:00:00	-63,0	227,4	5,2	847,9	58,2	40,1	39,2	996,8	-3194,5	-11,1
	16	16:00:00	-57,7	182,8	4,2	777,7	58,0	41,1	40,7	797,2	-2949,3	-11,2
	17	17:00:00	-46,2	41,4	1,0	622,6	55,0	41,4	41,4	178,1	-2393,5	-11,3
	18	18:00:00	-32,9	37,9	1,0	442,3	50,4	41,0	41,5	185,7	-1703,3	-11,3
	19	19:00:00	-16,8	51,2	1,3	224,9	44,0	39,9	40,8	270,1	-851,9	-11,1
	20	20:00:00	-4,7	65,4	1,7	65,0	36,7	37,2	37,9	345,1	-234,2	-6,1
	21	21:00:00	-0,2	187,3	6,1	2,9	31,4	33,3	34,0	1341,0	-9,3	0,0
	22	22:00:00	-0,1	219,6	9,2	0,0	28,8	30,4	31,0	2110,6	-2,1	0,0
	23	23:00:00	-0,1	209,1	8,5	0,0	27,2	28,8	29,3	1963,4	-2,1	0,0
	24	00:00:00	-0,1	209,2	8,2	0,0	26,0	27,8	28,3	1859,0	-2,0	0,0

Mai												
	25	01:00:00	0,0	210,3	7,7	0,0	24,0	25,5	26,0	1739,5	-1,9	0,0
	26	02:00:00	0,0	189,2	6,3	0,0	23,5	25,0	25,5	1382,3	-1,8	0,0
	27	03:00:00	0,0	140,0	4,3	0,0	22,9	24,4	24,9	932,4	-1,6	0,0
	28	04:00:00	0,0	58,5	1,7	0,0	22,4	24,0	24,5	358,1	-1,2	0,0
	29	05:00:00	0,0	10,5	0,3	0,0	21,9	23,6	24,1	61,5	-1,0	0,0
	30	06:00:00	0,0	0,0	0,0	0,0	21,6	23,3	23,8	0,0	-0,9	0,0
	31	07:00:00	0,0	0,0	0,0	0,0	21,2	22,9	23,5	0,0	-0,9	0,0
	32	08:00:00	-0,3	0,0	0,0	4,9	20,8	22,5	23,1	0,0	-15,4	0,0
	33	09:00:00	-5,6	0,0	0,0	74,8	23,0	23,7	23,6	0,0	-265,8	-7,2
	34	10:00:00	-17,2	1,0	0,0	225,8	28,9	26,3	25,4	6,4	-824,2	-10,7
	35	11:00:00	-31,6	167,3	4,3	417,1	36,5	29,5	27,8	866,6	-1512,7	-10,7
Mai	36	12:00:00	-44,5	212,7	5,3	591,0	43,9	32,6	30,6	1065,2	-2162,5	-10,8
	37	13:00:00	-53,2	215,2	5,4	711,2	49,6	35,3	33,3	1077,4	-2625,1	-10,9
	38	14:00:00	-58,2	225,2	5,7	782,7	53,2	37,5	35,4	1145,2	-2902,7	-11,0
	39	15:00:00	-57,1	227,4	5,7	771,1	54,3	39,0	37,1	1136,9	-2867,2	-11,0
	40	16:00:00	-51,6	138,3	3,4	699,8	53,9	39,9	38,4	678,7	-2620,2	-11,1
	41	17:00:00	-42,0	4,6	0,2	570,5	51,4	39,9	39,0	25,1	-2161,8	-11,2
	42	18:00:00	-28,5	0,0	0,0	386,1	46,5	39,0	39,1	0,0	-1467,8	-11,2
	43	19:00:00	-15,1	6,4	0,2	203,5	40,4	37,4	37,8	31,8	-767,2	-11,1
	44	20:00:00	-4,8	20,2	0,5	66,2	34,3	34,5	34,9	95,7	-240,4	-6,9
	45	21:00:00	-0,3	148,7	4,8	4,6	29,6	30,9	31,5	1035,1	-14,6	0,0
	46	22:00:00	-0,1	227,9	9,4	0,0	27,1	28,5	28,9	2163,7	-2,0	0,0
	47	23:00:00	-0,1	220,7	9,1	0,0	25,6	27,0	27,4	2096,2	-2,0	0,0
	48	00:00:00	-0,1	213,5	8,5	0,0	24,6	26,1	26,5	1954,3	0,0	0,0

Juin	49	01:00:00	0,0	190,5	6,7	0,0	25,3	26,4	26,9	1542,6	-4,0	0,0
	50	02:00:00	0,0	176,3	5,6	0,0	25,0	26,1	26,6	1250,6	-3,8	0,0
	51	03:00:00	0,0	170,5	5,0	0,0	24,5	25,7	26,2	1100,9	-3,5	0,0
	52	04:00:00	0,0	156,7	4,5	0,0	24,1	25,3	25,8	976,6	-3,3	0,0
	53	05:00:00	0,0	127,8	3,6	0,0	23,7	25,0	25,5	783,3	-3,2	0,0
	54	06:00:00	0,0	104,8	2,9	0,0	23,5	24,8	25,3	634,8	-3,0	0,0
	55	07:00:00	0,0	89,3	2,4	0,0	23,3	24,7	25,2	516,2	-3,0	0,0
	56	08:00:00	-0,3	69,3	1,6	4,7	23,3	24,6	25,1	314,7	-16,4	0,0
	57	09:00:00	-5,0	61,1	1,3	69,4	25,2	25,5	25,5	245,8	-240,1	-6,6
	58	10:00:00	-15,4	61,1	1,3	211,3	30,0	27,3	26,7	249,9	-740,8	-10,3
	59	11:00:00	-27,3	146,2	3,3	385,5	35,8	29,5	28,3	664,1	-1326,7	-10,3
	60	12:00:00	-41,3	187,7	4,3	583,2	42,5	32,0	30,1	857,0	-2040,3	-10,3
	61	13:00:00	-49,1	189,9	4,3	701,4	47,3	34,2	31,8	853,4	-2459,9	-10,4
	62	14:00:00	-52,6	189,8	4,3	764,4	50,7	35,9	33,4	852,3	-2667,4	-10,3
	63	15:00:00	-51,3	190,6	4,3	758,1	52,0	37,1	34,7	856,2	-2611,8	-10,2
	64	16:00:00	-47,2	132,0	3,0	700,7	51,4	37,7	35,6	584,4	-2423,4	-10,3
	65	17:00:00	-36,6	21,7	0,4	541,0	47,7	37,4	36,0	78,7	-1899,6	-10,4
	66	18:00:00	-25,5	36,1	0,7	375,8	43,1	36,3	35,6	134,9	-1323,2	-10,0
	67	19:00:00	-13,8	20,9	0,5	202,0	37,3	34,4	34,2	90,7	-713,6	-9,8
	68	20:00:00	-4,8	39,3	0,9	72,6	32,3	32,1	32,2	176,4	-250,6	-7,2
	69	21:00:00	-0,4	144,5	4,0	7,7	28,9	29,8	30,3	847,3	-27,1	0,0
	70	22:00:00	0,1	186,4	7,0	0,0	27,3	28,3	28,8	1621,7	-6,1	0,0
	71	23:00:00	0,1	183,8	7,2	0,0	26,3	27,4	27,8	1672,1	-6,0	0,0
	72	00:00:00	0,1	183,3	7,0	0,0	25,8	26,8	27,3	1616,4	-6,1	0,0

Printed by Books on Demand GmbH, Norderstedt / Germany